上海市2024年度“科技创新行动计划”科普专项项目（24DZ2304000）

你好！前沿科技

数字智能

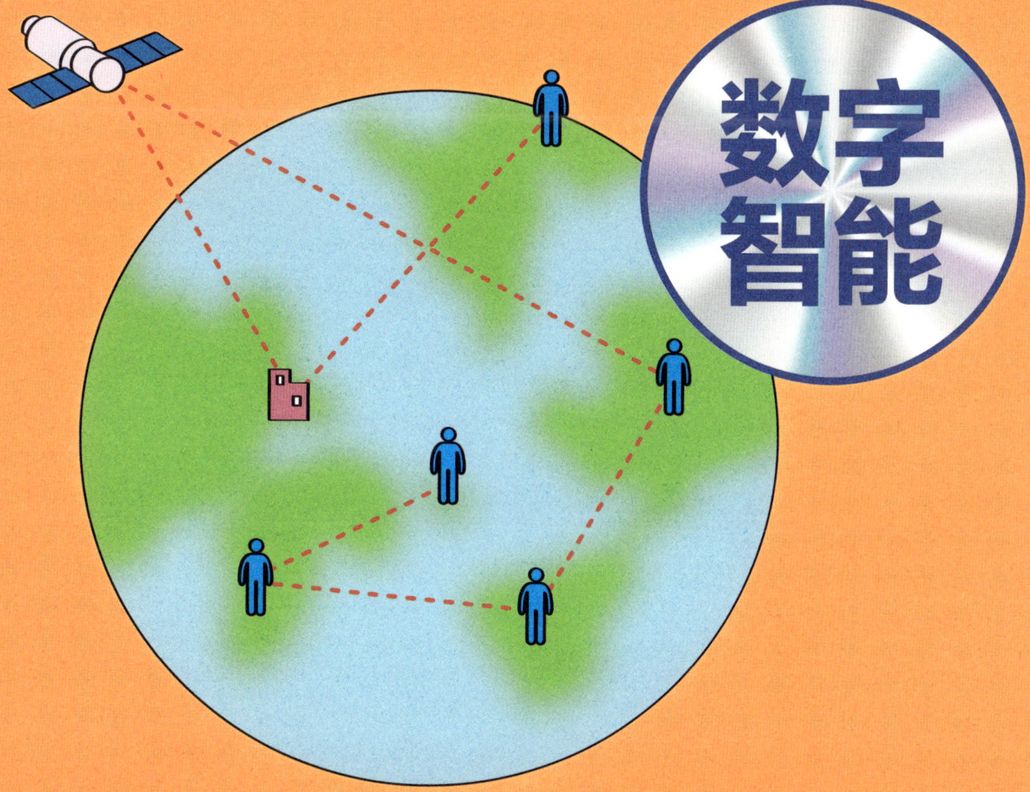

胡玺丹　王俊卿◎主编　侯奕杰　谢晓敏◎著　姚婷◎绘

華東理工大學出版社
EAST CHINA UNIVERSITY OF SCIENCE AND TECHNOLOGY PRESS

图书在版编目（CIP）数据

你好！前沿科技. 数字智能 / 胡玺丹, 王俊卿主编 ; 侯奕杰, 谢晓敏著 ; 姚婷绘. -- 上海 : 华东理工大学出版社, 2025. 7. -- ISBN 978-7-5628-7812-4

Ⅰ. N49 ; TP18-49

中国国家版本馆CIP数据核字第20251G7P23号

策划编辑 / 曾文丽
责任编辑 / 郑　逸　曾文丽
特约编辑 / 张润梓
责任校对 / 赵子艳
装帧设计 / 居慧娜
出版发行 / 华东理工大学出版社有限公司
地址：上海市梅陇路130号，200237
电话：021-64250306
网址：www.ecustpress.cn
邮箱：zongbianban@ecustpress.cn
印　　刷 / 苏州工业园区美柯乐制版印务有限责任公司
开　　本 / 787 mm×1092 mm　1/16
印　　张 / 3
字　　数 / 50千字
版　　次 / 2025年7月第1版
印　　次 / 2025年7月第1次
定　　价 / 30.00元

序言

当“天问”探火、“嫦娥”揽月、“蛟龙”入海成为现实图景，当量子计算突破算力边界、人工智能重构生产模式、基因编辑改写生命密码，我们正身处一个科技深刻改变人类命运的时代。上海科技馆展教团队结合自身科普教育经验，精心创作《你好！前沿科技》系列丛书，恰是为公众打开了一扇眺望未来的窗口。欣闻图书即将出版，我很高兴能为这套凝聚心血的科普力作撰写序言。

在人类文明发展的历程中，科技始终扮演着至关重要的角色。回望过去，人类第一座可控核反应堆“芝加哥一号堆”的成功运转，开启了原子能时代；第一台通用计算机“埃尼阿克”的诞生，开启了数字时代；第一次发现 DNA 双螺旋结构，开启了分子生物学时代……创新似浪，奔涌不息！科技重塑着我们对世界的认知，改变着人类文明的轨迹。面向当代科技“指数级跃迁”的发展，公众亟需对前沿科技有更广更深的认知，来理性地看待科技发展带来的机遇与挑战，更好地适应这个日新月异的时代。尤其是广大青少年，对于他们而言，科普前沿科技更是意义深远。

我曾见过许多孩子沉浸于科技馆的互动展品，流连忘返，面对神奇的科学实验秀发出一阵阵惊叹。青少年时期是思维最活跃、好奇心最旺盛的阶段，而优秀的科普图书正是打开科学之门的钥匙。《你好！前沿科技》系列科普图书分为《数字智能》《能源材料》《深蓝探索》《生命科学》四本分册，共选取 80 个前沿科技话题，深入浅出地解析前沿科技背后的科学原理，多维度揭示前沿科技对生产生活的影响。

在《数字智能》中，你将看到信息技术、数字技术、人工智能技术是如何让我们的生活更加智能的；在《能源材料》中，你会惊叹人类生存的根基——从石墨烯的原子级革新，到核聚变的人造太阳梦想，从光伏电池对太阳能的极致转化，到海水制氢开启的蓝色能源革命；在《深蓝探索》中，你会踏上人类探索未知领域的伟大征程，伴“雪龙 2”号破冰船以双向破冰技术劈开南极冰原，随“奋斗者”号载人潜水器在万米海沟完成深潜试验；在《生命科学》中，你会见证科技对生命的守护，CAR-T 细胞疗法打造抗癌“特种兵”精准消灭癌细胞，基因编辑技术挥动“魔法剪刀”修复缺陷基因。《你好！前沿科技》以最具话题性和创新性的科技“新鲜事”，撬开青少年探索科技的好奇心；通过大量简洁生动的插图，将抽象的概念可视化，增加阅读的趣味性；搭配 STEM 课程、前沿科技实验室探秘等科普视频，让阅读跳出书本，在理论与实践的对话中构建完整的科学认知体系。

最后，我郑重地向广大读者尤其是青少年朋友们推荐本书，《你好！前沿科技》的独特价值在于：它既不是艰深晦涩的学术报告，也不是浮浅零散的快餐资讯，而是在学术性与可读性之间找到了巧妙的平衡点。希望《你好！前沿科技》系列科普图书可以以理性之光照亮科学探索的前路，引领大家走向更广阔的科学天地，在青少年读者心中播下科学的种子，助力青少年成为中国科技创新的明日之星。

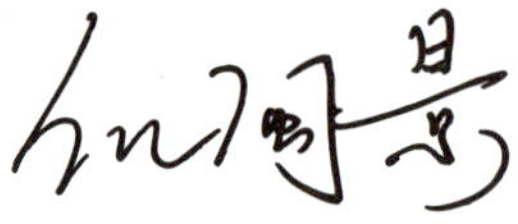

全国政协委员
上海科技馆馆长

CONTENTS 目录

自动驾驶
离全场景通行还有多远？

科技前沿

2025 年 7 月，我国牵头制定的国际标准《道路车辆　自动驾驶系统测试场景　场景评价与测试用例生成》正式发布。这既体现了自动驾驶测试验证技术在全球范围内达成的重要共识，也是我国自动驾驶产业蓬勃发展的一个缩影。

一说到自动驾驶，你的脑海中是不是立刻浮现出驾驶座位上空无一人，乘客悠闲地坐在后排的科幻场景？在武汉的部分道路上，这个场景已经走入日常生活，几百辆自动驾驶出租车正在忙碌穿梭，成为市民出行的新方式。

自动驾驶是什么？

国际自动机工程师学会推出的自动驾驶等级标准（SAE J3016）是世界上广泛认可的自动驾驶技术分级体系，分为 L0～L5，用于定义不同自动化程度的车辆。我国的《汽车驾驶自动化分级》将驾驶自动化等级分为 0 级～5 级，与 L0～L5 对应。

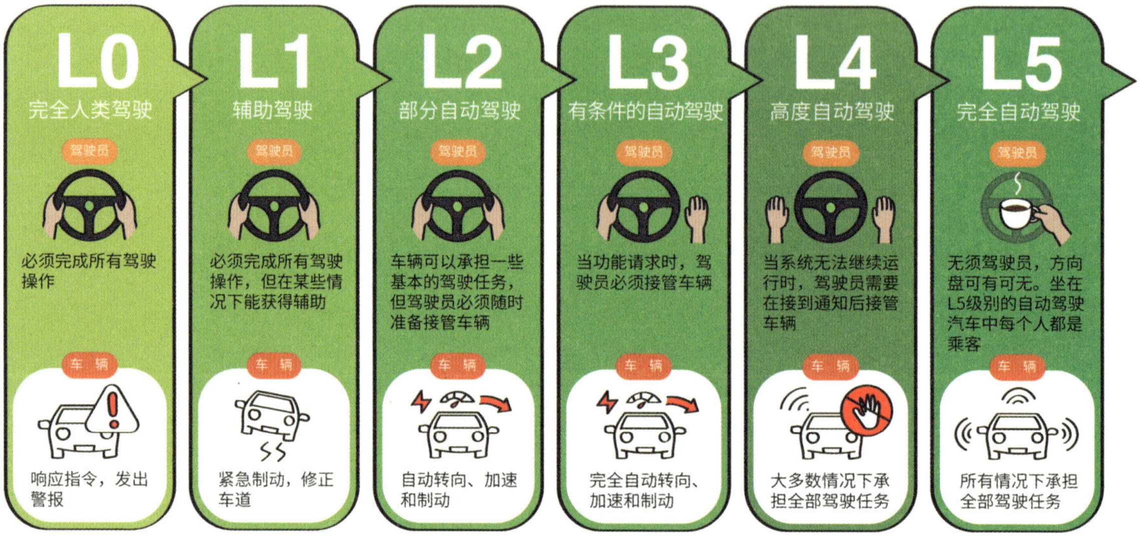

自动驾驶，顾名思义就是汽车能够自行安全驾驶，无须人类开车。国际自动机工程师学会（SAE International）和我国的工业和信息化部都将驾驶自动化分成 6 个等级，等级越高，自动化程度越高。如今的自动驾驶技术能达到 L2 至 L3 等级。

自动驾驶是如何实现的？

在开车时，人类需要用眼睛观察路况，用大脑做出决策，随后用手和脚执行决策。AI 要想“考到驾照”，就得学会这个过程。因此，自动驾驶技术可以从感知层、决策层和执行层这三个层面进行设计。

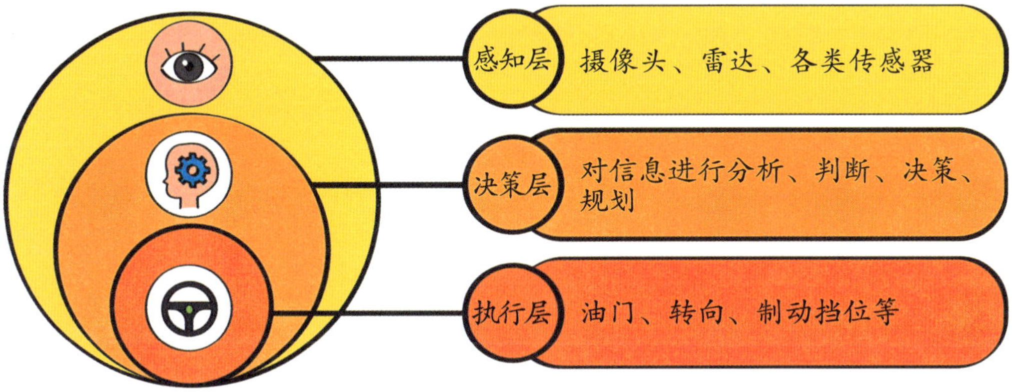

感知层通过摄像头、雷达、各类传感器等设备来收集车辆行驶过程中的各种信息。这些信息比我们用肉眼观察获取的信息更多、更精准。当光线良好时，摄像头能快速识别行人、车辆、红绿灯等；当光线不佳时，雷达、各类传感器等就能凭借强大的技术手段提供稳定可靠的环境感知数据。

接下来，感知层收集到的信息会传递到决策层——汽车里的计算机。决策层会对信息进行分析判断，并做出相应的驾驶决策和规划。但是，想要像合格的人类驾驶员那样，及时做出正确的决策并非易事。驾驶自动化等级越高，就越需要更多的数据和更强大的计算能力。决策层做出判断后，任务就来到了执行层，此时，控制系统便会按照执行层发出的指令驾驶汽车。

只有不断精进这三个层面的技术和设备，自动驾驶才有望实现全场景通行。让我们一同拭目以待吧！

端到端自动驾驶
是怎样实现全自动的？

科技前沿

2024 年 4 月，特斯拉上海超级工厂生产的车型全部通过了国家权威车辆数据检测。特斯拉开始推进其端到端完全自动驾驶功能进入中国市场。

虽然自动驾驶技术发展迅速，但是正如前一篇文章所说，如今的自动驾驶技术普遍在 L2 ~ L3 等级，那么什么时候才能实现完全自动驾驶呢？

传统方式
为什么难以实现全自动驾驶？

传统的自动驾驶系统是一个由多个独立功能模块组成的复杂系统，可用以下特殊的飞行场景来打个比方。

新晋机长在一次试飞任务中发生意外，仪器失灵，机长眼部受伤。为了脱困，整个机组只能齐心协力完成迫降。空乘把能收集到的所有信息都告诉飞行学员（感知模块），飞行学员筛选有用的信息告诉机长（决策模块），机长根据这些信息指挥副驾驶（执行模块）操作飞机。

从中，我们可以看出传统的自动驾驶系统的缺点：

- 信息丢失：模块之间每次的“传话”，都有可能丢失信息。
- 险情“超纲”：新晋机长驾驶经验不足，只掌握了培训手册里的驾驶规则，一旦航路上发生手册外的情况，他就只能“飞”一步看一步。对于传统自动驾驶系统来说，这本手册就是程序员编写的一行行代码，是决策模块判断如何驾驶的依据，但是程序员无法把所有的航路上会发生的状况都写进这本手册。

某知名自动驾驶系统有 30 多万行代码，决策模块每次决策前都需要在这 30 万行代码中找到相应驾驶规则。

端到端自动驾驶：人工神经网络当司机

端到端自动驾驶系统构成简单，但是训练出核心的神经网络模型却十分困难，需要海量且多样的高质量真人驾驶数据，同时也需要强大的芯片算力支持。

“端到端”指的是系统从输入的一端（传感器）直接连接到输出的一端（如控制车辆转向、加速、刹车的执行模块），其构成很简单：传感器模块、以神经网络为基础的学习和控制模块、执行模块。神经网络模型收到传感器端的信息后，直接向执行端发出指令，所以端到端自动驾驶就像“老司机”一样，凭熟能生巧的“感觉”开车，对意外路况也更有把握处置。但是因为其操控判断不是基于一行行明确的代码规则，所以一旦系统出现错误，程序员就难以找到原因。

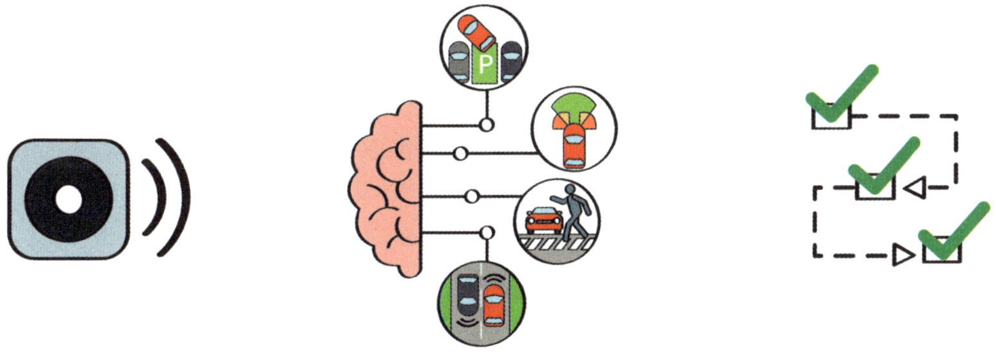

- 传感器模块
- 神经网络
- 执行模块

自动驾驶技术正从人类预设规则的“学步车”时代，迈向神经网络模型驱动的“老司机”时代。或许就在下一个十年，我们将见证无人驾驶的黄金时代。

AI 是怎样把我的脸换到别人身上的？

科技前沿

2023 年初，科幻电影《流浪地球 2》上映，该影片采用了基于 AI 的面部变换技术，逼真地呈现了演员年轻时的样子。这项技术不仅大大提升了影片的视觉效果，还帮助摄制组有效控制了时间与成本。

你尝试过 AI 换脸吗？只要上传一张照片，就可以用自己的脸替换电视剧中明星的脸，体验一把当主角的感觉。当然，为了实现换脸，AI 要经过一系列训练，整个过程就像我们从初学数学到通过数学高考。

给 AI 上大量“数学课”

数学老师第一次教加法的时候会问“1 个苹果加 1 个苹果等于几个苹果？”然后将两个苹果都画在黑板上，让学生数一数——这是将数学问题转化为图形问题。但程序员在训练 AI 时用了相反的方法——将图形问题转化为数学问题。

AI 需要先学习海量的人脸数据，总结图形特征，再将它们转化成数学语言，也就是人的脸部特征参数。这一步被称为数据准备阶段，就像我们在数学课上学习大量的公式定理一样。

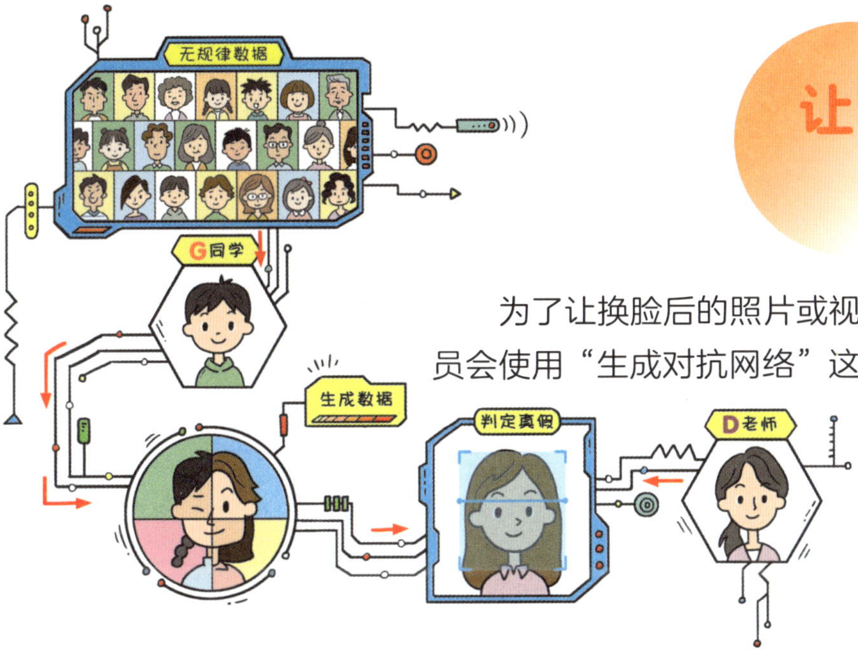

让 AI 做模拟卷“刷题”

为了让换脸后的照片或视频看起来更真实，程序员会使用“生成对抗网络”这一深度学习框架，来完成对 AI 换脸模型的训练。就像我们学习了大量公式定理后，开始“刷题”，练习运用这些知识。“生成对抗网络”一般包括生成模型和判别模型两个部分。

- 生成模型（generative model）：它就像一名学生（G 同学），在学习了大量的人脸数据知识后开始“刷题”，将随机的数据转化成一张张合成人脸。
- 判别模型（discriminative model）：它就像一位老师（D 老师），根据试卷的参考答案对学生提交的“合成人脸”答卷进行“批改”，分辨是真的人脸还是合成的假人脸。

“解题脑”已练成，去参加数学高考吧！

当有人以亲友的身份来和我们视频聊天时，一定要小心辨别，因为视频可能是利用 AI 技术伪造的。同时，我们要注意保护个人隐私，以免个人信息被盗用。

G 同学做了很多很多试卷，D 老师对这些试卷进行批改，发现不合格的就让 G 同学重做。同时，D 老师也在不断完善“参考答案”。当 G 同学的每张答卷都像“参考答案”一样完美，D 老师也无法找到瑕疵时，G 同学的“解题脑”就练成了。至此，这个 AI 换脸模型就可以基于你给的照片生成逼真的“合成人脸”啦。

刚聊完天就收到相关广告，我被监听了吗？

科技前沿

2025 年上海两会，上海市政协常委游闽键提交的一份《关于加强 App 偷听、窥探用户隐私治理的建议》，引发各界对应用程序监听的关注和讨论。

最近，手机上的购物应用程序就像我们肚子里的“蛔虫”一样，总能准确地知道我们想买什么，让人忍不住怀疑，自己会不会是被“监听”了呢？

手机监听：可以实现，但得不偿失

按照当前的行业数据，智能语音转写的服务成本约为 2 元 / 万秒。假设某应用程序每天有 100 万活跃用户，每天对每位用户的监听时长为 1 小时，每年成本约为 2.6 亿元；如果要做到 24 小时监听，则每年成本约为 63 亿元。

在技术上，通过手机进行监听是可以实现的，但硬件成本很高。手机麦克风的收音能力有限，当它离声源较远时，语音识别的准确率就会快速下降。因此，要想让应用程序长时间快速准确地捕捉、解析用户的聊天内容并与后台广告产品进行匹配后推送，对应用程序的语音信息识别、存储及云计算能力有非常高的要求，需要投入大量的资金才能实现。此外，私自监听是违法行为，应用程序的运营商通常不会选择直接监听，而会使用一些“灰色手段”来获得用户信息。

化身名侦探
推理出你的信息

目前，智能手机厂商为了加强手机的隐私管理，相继推出了剪贴板“审批”功能。应用程序在读取剪贴板中的信息前，会询问用户是否允许。

实际上，不用监听，应用程序也可以使用许多间接的方法，比如读取剪贴板、监测浏览行为和收集物理信息等推理出你的信息。

- 读取剪贴板：当你使用“复制”功能时，你复制的内容会暂存在一个名为“剪贴板”的虚拟空间，应用程序可以读取剪贴板中的信息，从而推理出你感兴趣的内容。
- 监测浏览行为：当你浏览网页时，应用程序可以通过监测你浏览的内容、时长，以及你点击了哪些功能按钮，推理出你感兴趣的内容。
- 收集物理信息：应用程序可以通过收集你出现在某个地点的时间和频次等物理信息，推理出你的身份。

不过，对于这些“擦边球”式的信息收集行为，大家也不用过度紧张。2025年3月，中央网信办会同工业和信息化部、公安部、市场监管总局等部门发布《关于开展2025年个人信息保护系列专项行动的公告》，进一步深入治理违法违规收集使用个人信息典型问题。国家对个人信息安全的监管日益趋严，为公众的信息安全筑起了更坚实的防线。

世界杯上的“计算机裁判”更公正吗？

科技前沿

2022 年，卡塔尔世界杯足球赛启用了“半自动越位识别技术”，用于辅助主裁判和视频助理裁判更快、更准确地做出越位判罚。

在足球赛事中，世界杯无疑是最具有影响力的比赛之一。在现代足球赛场上，除了人类裁判，还有一位“计算机裁判”，它就是“半自动越位识别技术”。

裁判的“AI 助理”

在本次世界杯之前，运动捕捉技术已经在电影特效制作和游戏制作等领域得到了广泛应用，但与“半自动越位识别技术”不同的是，采用这一类运动捕捉技术时，需要在演员身上安装大量传感器。

“半自动越位识别技术”通过球场顶部的 12 台特制摄像机，运用运动捕捉技术，定位每一名球员的 29 个和判罚相关的关键运动部位。一旦这些关键的运动部位被精确捕捉并生成数据，摄像机就会以 50 次 / 秒的频率将数据发送给系统，实时追踪球员的位置和运动状态，自动画出虚拟越位线，为裁判提供清晰、准确的越位判定参考。

“半自动越位识别技术”的引入，无疑提高了裁判判罚的准确性。在过去，越位

的判罚很大程度上依赖于裁判的肉眼观察和判断，这难免会因为人眼有限的观察角度而产生偏差。现在，高科技手段的辅助就像是为裁判配备了一名目光犀利、明察秋毫的“AI 助理”，裁判可以在极短的时间内得到准确的信息，从而做出更为公正的判罚。

足球上的“裁判分身”

惯性测量单元大多被用在需要进行运动控制的设备上，如汽车和机器人等；也被用在需要通过运动姿态进行精密位移推算的场合，如潜艇、飞机、导弹和航天器的惯性导航设备等。

为了做出准确的判罚，除了要确定运动员的位置和运动状态，还需要确定足球的运动情况。卡塔尔世界杯的每一个比赛用球内，都放置了一枚传感器芯片。这枚芯片的质量仅为 14 克，它包含一个惯性测量单元（inertial measurement unit, IMU）和一个超宽带（ultra-wideband, UWB）传感器。惯性测量单元可以感知足球细微的运动，超宽带传感器可以追踪足球精确的位置并实时传输所有数据。两者互相配合，以 500 次 / 秒的频率记录足球的运动情况，无论是充满激情的射门、巧妙绝伦的头球解围、迅猛有力的投掷，还是细致入微的触球，都会被准确地记录下来。它就像足球中的“裁判分身”，以超乎寻常的感知能力和分析能力，为比赛的公正性和观赏性提供了有力的科技支撑。

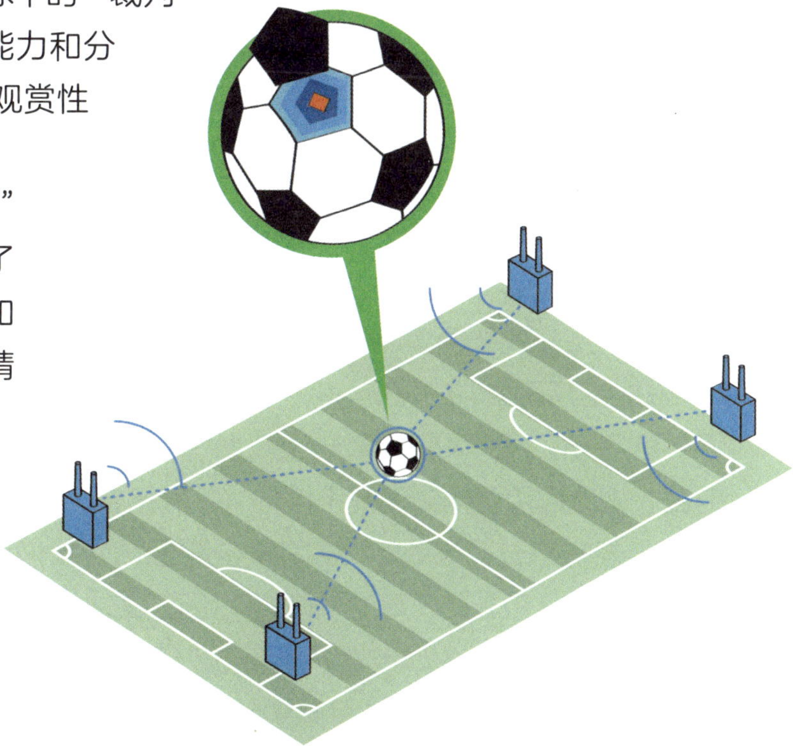

球场上的“计算机裁判”不仅为人类裁判的决策提供了强有力的数据支持，让球员和观众都享受到了更加公正、精彩的比赛，更标志着足球这项古老而又充满激情的运动正迈向一个数字智能辅助下的新时代。

怎样才能体验到更快的 5G 网速？

科技前沿

2024 年 3 月，中国移动在杭州全球首发 5G-A（5G-Advanced 的简称）商用部署。相较于 5G 网络，它具有速率更快、服务更好、连接更广、可靠性更高和时延更低等特点。

你有没有发现，一些手机屏幕右上角的 5G 标记旁，多了一个字母“A”？这代表这台手机使用的是 5G 网络的升级版——5G-A 网络。

为什么 5G 网络有时并不快？

我们可以把毫米波想象成城市里的八车道大马路——通行能力强，能传输大量数据，但铺设难、数量少，穿透力也差。而低频信号就像随处可见的小路，虽然传输速度没那么快，但覆盖范围更广。

5G 网络是通过 5G 基站来传输数据的。大家可以把 5G 终端（如手机）和 5G 基站类比为手机和家中路由器的关系。即使我们的手机和路由器都是最新款，只要两者距离太远，信号就会变弱，网速也会下降——5G 网络也存在类似的情况。

这与 5G 网络采用的毫米波技术有关。毫米波是一种频率高、波长短的无线电波。相比采用更低频无线电波的 4G 网络，5G 网络在实现广泛覆盖时需要部署更多的基站。一旦身处 5G 基站较少的区域，我们的手机就很难享受到 5G 网络的高速特性。但是 5G 基站的部署和运行成本都很高，部署足够数量的 5G 基站需要消耗大量的资金。当然，随着 5G 用户数量的增长，网络建设和维护费用的摊薄，5G 基站的覆盖区域将越来越广，网速下降的情况也会越来越少。

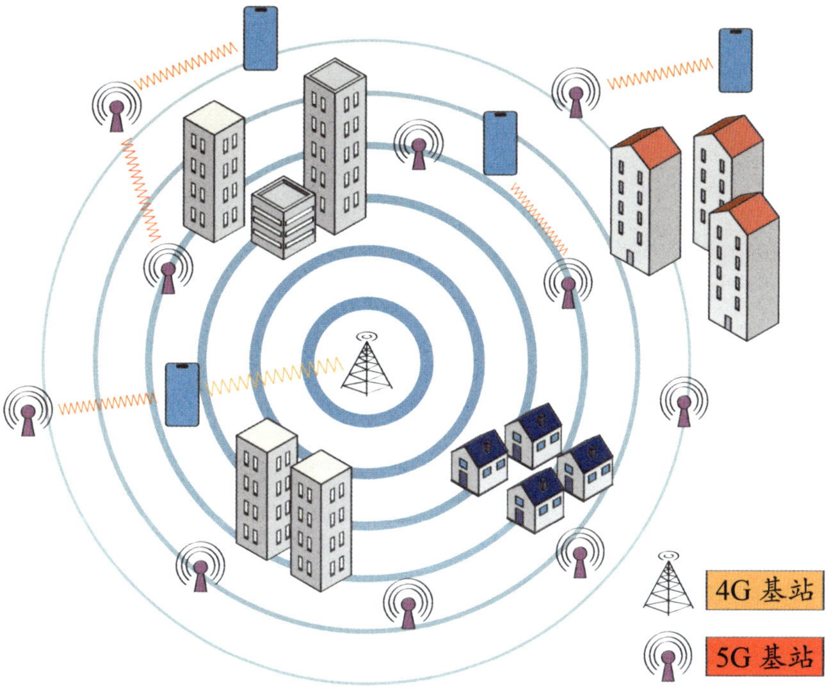

除了“网速更快”，5G 还能为生活带来什么？

可能有人会想：建设 5G 网络这么贵，有必要投入这么多吗？其实，5G 网络能带来的改变，远不止让手机网速变快这一点。近几年，5G 网络多次应用于远程手术，为偏远地区的患者提供了高质量的医疗服务，推动了医疗资源的均衡发展。城市级自动驾驶也依赖 5G 网络实现车辆各部件之间、车辆与车辆之间实时双向信息互通，以满足信息传输速率、可靠性和低时延的要求。或许今天我们还难以全面感知 5G 网络的价值，但它已然在悄悄重塑我们的生活方式与城市面貌。

一看二闻，辨别食物变质还有别的招吗？

科技前沿

2023 年 5 月，土耳其科奇大学的研究团队在学术期刊《自然食品》（*Nature Food*）上发表文章称，他们开发出了一种能够监测肉类是否变质的传感器设备。

夏天，我们经常会看到关于食物中毒的新闻。有的食物变质了，我们一眼就能看出来，或者能闻出来，但有些根本发现不了。那么，这项“黑科技”是怎么辨别食物有没有变质的呢？

食物为什么会变质？

食物腐败变质是由食物本身、环境和微生物三者共同导致的。肉类食物富含蛋白质、脂肪和水分，微生物能在肉类上迅速繁殖，引发变质；同样，肉类中的各种酶，在温度等因素的影响下，能加速脂肪分解成各种酸，也会引起变质。

导致食物变质的因素有很多，如果把这个过程拍成一部电影，其中的反派角色必然少不了微生物。像细菌、霉菌这些微生物最喜欢“祸害”蛋白质和脂肪，它们“作恶”时悄无声息，起初可能只是一个难以发觉的小点儿，但很快蔓延至更大的区域，产生挥发性物质和毒素，此时想挽救已经无济于事了。

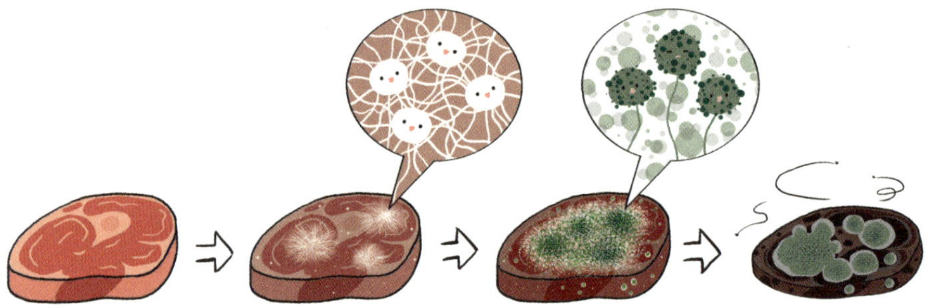

传感器是如何监测肉质的？

通常我们可以根据食物的气味或外表变化来判断其是否变质。千万不要直接品尝安全性未知的食物，因为这种“以身试毒”的方式很容易导致食物中毒。

土耳其科奇大学研究团队开发的传感器只有约 4 平方厘米大小，它可以通过检测食物释放的气体，来辨别肉类是否变质。

肉类食物中的酰胺基团受微生物的影响会产生挥发性物质——生物胺，监测肉质的关键便是“读懂”生物胺这个变质信号。研究人员将无线传感器嵌入包装好的肉类样本中，无线传感器的电极上涂有一层苯乙烯-马来酸酐共聚物 [poly (styrene-co-maleic anhydride), PSMA]，一旦有生物胺产生，两者便会发生反应，传感器的数值随即发生变化。只需要对这个数值进行测量，并将经过芯片处理的数据传输至手机，就可以快速辨别肉类是否变质。这种传感器还可用于连续监测不同储存条件下肉质的变化。

未来，随着数字智能技术的发展，相信我们完全有可能用 AI 来监测和评估食物的储存情况，有效防止食源性疾病的发生，同时减少食物浪费，进一步提升我们的生活品质。

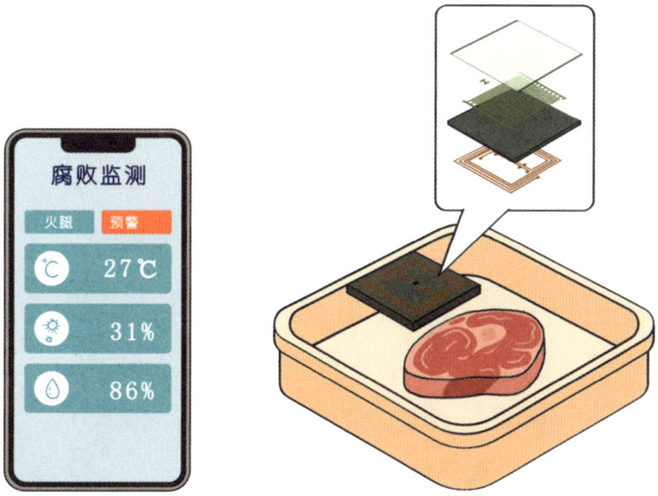

智能手环
是怎样监测身体数据的？

科技前沿

可穿戴腕带设备（俗称“智能手环”）近年来得到了飞速发展，不仅功能更加全面，也更加轻便，受到人们的青睐。某市场分析机构研究显示，2024 年第三季度，全球可穿戴腕带设备市场出货量达 5290 万台，同比增长 3%。我国企业市场份额在全球名列前茅。

在数字社会，使用智能设备记录生理指标变化和日常运动成了很多人的习惯。其中，智能手环佩戴便捷，价格亲民，受到了广泛欢迎。小小的智能手环究竟是如何成为我们健康帮手的呢？

智能手环的前世今生

智能手环发明之初是为了记录运动情况，受限于当时的技术，早期的智能手环没有屏幕，必须连接手机或者其他有屏设备，才能查看数据，记录的数据通常也仅仅是步数和运动时间等。后来，又增加了记录睡眠状态的功能。

随着科技发展，智能手环逐渐能够监测越来越多的生理数据，包括心率、血氧、血压等。除此之外，智能手环还增添了通话、支付等实用功能，为使用者提供了全方位的便捷生活体验。

智能手环
是如何获得健康数据的？

智能手环通过传感器来获得各项数据，一般使用光电容积脉搏波描记法（photoplethysmography，PPG）。这是一种光电检测方法，其核心原理就是利用光电传感器来监测血容积的变化。光电传感器就像一个超级微小的摄像头，能观察到我们皮肤下血管的微小变化。

以获取心率数值为例，智能手环通常会利用 LED 光源产生一束一定波长的光，并以一定角度射入人体的皮肤组织，然后光电传感器就会接收到经皮肤投射或反射的光。每次心脏跳动时，血液便会有节奏地在血管里流动起来，但每次流经的血液量却是不固定的，光也会随之改变，被记录成周期性数据。智能手环上的光电传感器（photoelectric sensor）就像一个魔术师，可以把这些光信号转换成电信号。经过信号处理，程序先描绘出脉搏波形，再分析波形，就能得出心率的数值了。

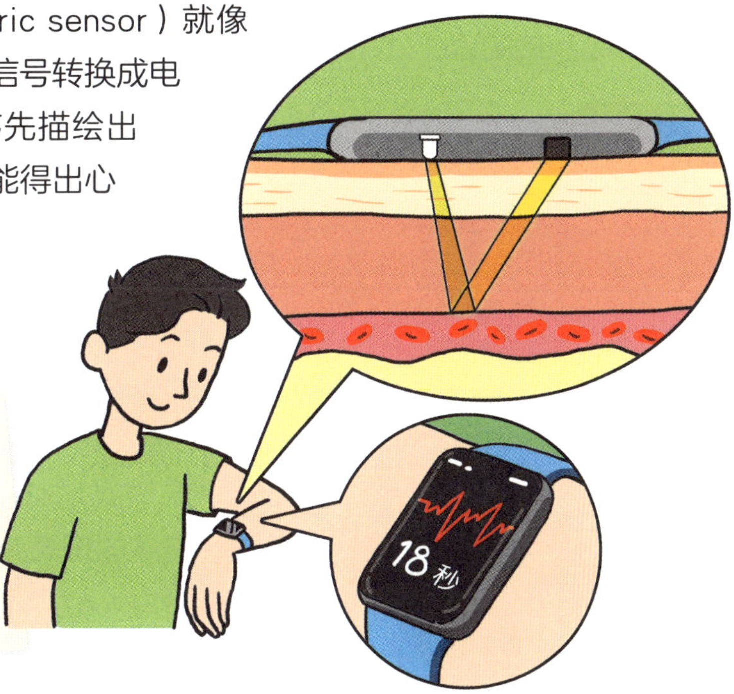

光电容积脉搏波描记法被广泛应用于测量心率、血氧饱和度等，常用于智能手环、睡眠监测设备和医疗设备中。

目前智能手环在健康监测方面的技术已经较为成熟，但它们仍然只是“记录员”，一旦身体不适，仍需寻求专业的医疗服务。未来，随着科技的进步，智能手环有望变得更加轻便、智能，不仅能监测，更能分析和预测，甚至成为我们的“随身健康顾问”，为日常生活带来更多便捷与安心。

大数据
怎么知道你爱听什么歌?

扫一扫，看视频

科技前沿

2024 年 1 月 9 日，某音乐软件宣布进行全新改版，新版本将采用全新的“双首页”推荐架构，打造更加智能的个性化音乐推荐服务。

听歌是很多人的爱好，你有没有发现，网络音乐平台推荐的歌曲，时常能恰如其分地触动你的心。它为什么能从如此庞大的曲库中找出你的心之所向呢？这都是推荐系统的功劳。

什么是推荐系统？

推荐系统是一种信息过滤工具，而推荐算法则是推荐系统内部使用的具体计算方法或模型。

推荐系统的诞生离不开互联网。自 20 世纪 90 年代起，互联网上的信息呈爆炸式增长，对用户来说，要搜到自己所需的信息并不简单，所以就得让信息来“找”人了。于是，推荐系统应运而生。推荐系统是一种计算机程序，它通过分析用户的行为、兴趣、偏好等信息，提供个性化推荐服务。随着推荐算法的优化，这个系统越发智能。通俗地说，它的作用就是“读”懂你的需求，并主动提供你所需的信息。

早期的推荐系统是怎样的？

1994 年，美国明尼苏达大学的研究团队推出了第一个采用自动化协同过滤算法的推荐系统 GroupLens。

最早的推荐系统只能通过人工设定的规则进行推荐，一旦遇到大规模的复杂数据，推荐系统就“心有余而力不足”了。为了让信息分发更智能，协同过滤算法应运而生。

协同过滤算法分为用户协同过滤算法和物品协同过滤算法。用户协同过滤算法的物品推荐思路是相似用户具有相似的喜好；物品协同过滤算法的推荐思路则是特定用户在一段时间内，更倾向于寻找同一类（相似的）物品。1998 年，拥有上百万用户和上百万商品的亚马逊上线了基于物品的协同过滤算法。

音乐软件怎么洞悉听歌偏好？

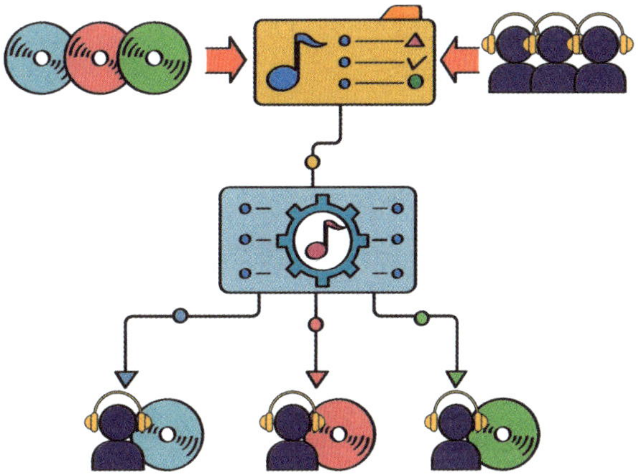

随着技术的发展，推荐系统变得越发智能。除了相似度，它还开始分析信息的内容特征。基于模型的方法和深度学习算法的应用更是让推荐系统如虎添翼，赋予了它分析用户和物品复杂特征关系的本领。现今，主流的网络音乐平台大多采用基于标签簇的个性化推荐算法。这个算法除了要用到歌曲的特征标签，还要用到用户的群体特征标签，有效提高了推荐精确度。

近年来，互联网对实时性的要求越来越高，因此实时性和在线学习的相关技术也成了推荐系统的发展趋势。未来，推荐系统将融合更多新算法、新技术，以适应多样化的信息分发需求。

机器人是怎么学会跳舞的？

扫一扫，看视频

科技前沿

2025 年央视春晚的舞台上，一群穿着花棉袄的机器人在现场扭起了秧歌，机器人们还会变换队形，多角度转手绢。整个表演极具张力，一下就牢牢抓住了观众的目光。

说到机器人，你脑海中浮现出的是怎样的形象？是《变形金刚》中的“大黄蜂”，还是《超能陆战队》中的“大白”？如今，机器人已经从影视概念逐渐走进我们的现实生活，它们上得了厅堂，进得了库房，就像影视作品中的主角一样能帮助我们完成各种任务。

机器人是如何执行人类指令的？

当我们发出指令后，机器人会用它的“大脑”——也就是内置的计算机程序和算法来解析和处理接收到的指令信息，然后根据程序执行指令。在传统技术模式下，机器人往往需要将任务一步一步地进行分解。

随着 AI、大数据和智能传感器等技术的发展，一些具备通用智能的机器人可以在神经网络的驱动下，学习和模仿人类的思维和操作模式，像人类的条件反射一样，迅速而精准地完成这项指令，不再需要分解任务，并按照预先设计好的程序来执行动作。

随着生成式 AI 的出现，机器人执行指令的依据已开始从海量预设代码向基于神经网络的大模型转变。

机器人怎么做到灵活地跳舞？

自由度是描述一个机械系统在空间中可以独立移动或旋转的方向数量，机器人往往需要众多自由度来模仿人类的动作。例如，要实现灵活的四肢弯曲、关节旋转等动作，人形机器人的肘关节、膝关节等四肢关节通常要有 2 ~ 3 个自由度。机器人关节的设计还需要考虑承载能力，因为机器人在运动的过程中会受到各种力。同时，为了让机器人的动作更加精准，关节的精度和稳定性也很重要。关节的驱动系统是人形机器人能够灵活运动的关键，按动力源可分为液压驱动系统、电动驱动系统等。

随着制造技术的发展，人形机器人能像人类一样，行走、奔跑，克服地形障碍，甚至可以比人更灵活。人工智能的发展也让人形机器人的性能得到大幅提升，它们能模拟并学习人类的各种行为，还拥有较为成熟的语音交互技术，有望成为真正能够协助人类、陪伴人类甚至理解人类的智能伙伴。

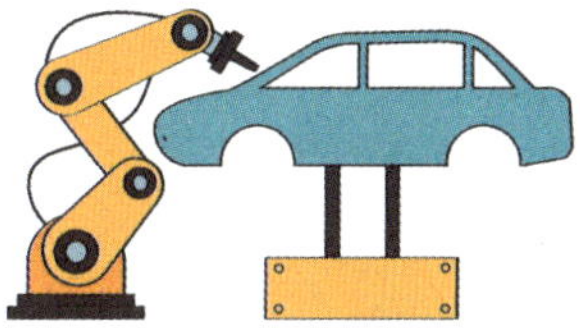

跨越万里
隔空做手术，是怎么做到的？

科技前沿

2024 年 5 月 28 日，一场跨越万里的心血管手术顺利完成。在 5G 超远程机器人的辅助下，这台手术连接了祖国的东西两端，患者位于祖国最西部的新疆喀什地区，实施手术的葛均波院士团队则位于上海复旦大学附属中山医院。

如今，远程手术已从科幻照进了现实，5G 通信技术和手术机器人究竟是如何助力医生完成隔空手术的呢？

什么是手术机器人？

手术机器人是一种融合了医学、力学、机械工程等多个学科的新型医疗器械。在外科手术中，机器人用清晰的成像系统代替医生的眼睛，用灵活的机械臂代替医生的双手，辅助医生进行定位、切除、缝合等操作。

手术机器人的历史可以追溯到 20 世纪 80 年代。这项技术历经不断创新，逐渐成了外科医生的“得力助手”。

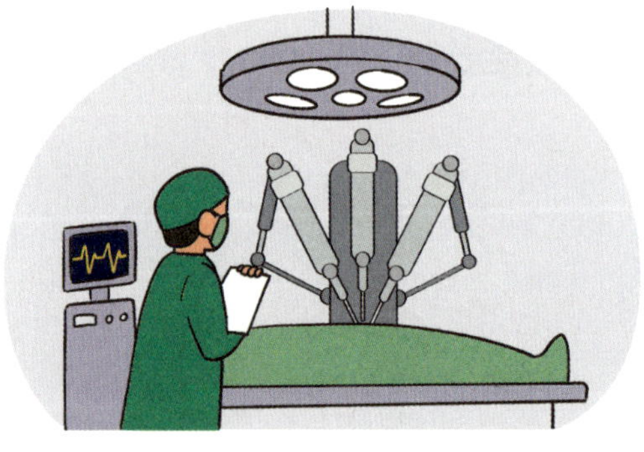

远程手术的设想最早出现在 20 世纪 50 年代，主要是为了确保在紧急情况下，身处太空的宇航员能够及时得到治疗。

1985 年，机器人首次应用到临床手术中。当时，美国一位神经外科医生在脑部手术中使用工业机器人 PUMA 560 进行定位。但直到 1992 年，第一台真正意义上的手术机器人 ROBODOC 才被发明出来。而我们熟知的达芬奇手术机器人，则在 2000 年正式成为第一个获批临床使用的设备。

达芬奇手术机器人旨在采用微创的方式，开展复杂外科手术，以降低风险和减轻病人痛苦。它得名于著名画家达·芬奇，在他的一幅手稿中，记录了一种仿人型机械，被认为是机器人的雏形。

手术机器人有多厉害?

手术机器人被发明出来的意义之一，就在于它能够突破人类的极限。要想成为一位优秀的外科医生，“妙手”和“鹰眼”是必不可少的。相比人手，手术机器人的机械臂，不仅能在血管这种狭小的空间里自由移动，还能长时间、高精度地稳定工作。手术机器人的高精度成像系统，能突破肉眼的观察极限，放大微小的人体结构，带给医生更清晰的手术视野。

如何实现远程手术?

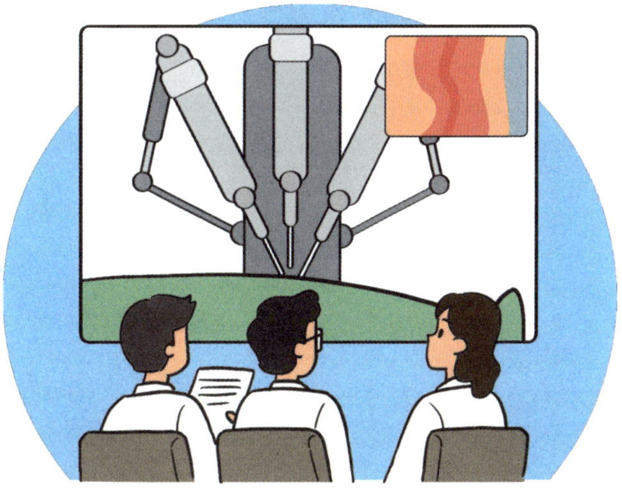

如今，在手术机器人技术和移动通信技术的发展下，远程医疗逐渐兴起。

我们都知道，临床手术对操作的精准性、灵活性有着极高的标准和要求。因此，远程手术最理想的状态就是“0 延迟”。5G 作为新一代移动通信技术，它的低延时、高带宽、稳定性和交互性使得主刀医生能够实时操作千里之外的手术机器人，让远程手术得以实现。

随着通信和机器人技术的发展，远程手术将进一步打破空间隔阂，让优质的医疗服务覆盖全球的每个角落。

离服务器越近，打开网页就越快吗？

科技前沿

2024 年 12 月，一位歌坛巨星举办演唱会，但在这场演唱会的售票过程中，由于超 89 万人同时在线抢票，售票服务器瞬间瘫痪，很多人根本无法打开购票页面。

在网上抢票的时候，大家都希望自己的网速越快越好。有些人觉得，离服务器越近，网速就越快，就更容易抢到票，这是真的吗？

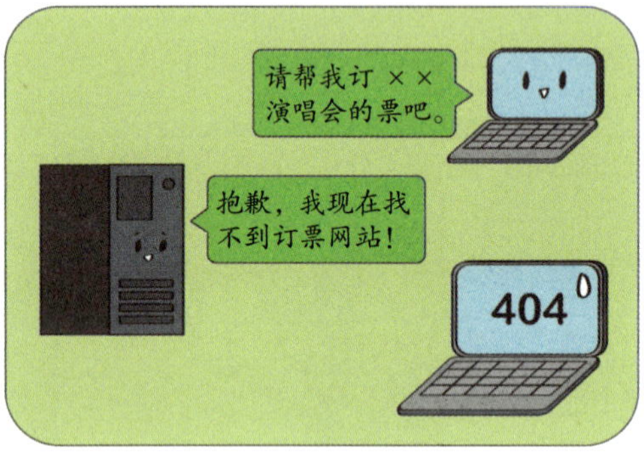

服务器是什么？

在浏览网页的过程中，我们经常遇到的 404 错误通常表示服务器无法找到用户请求的内容。而服务器因接收到过多请求无法应答时，错误代码通常是 503。

服务器是一种提供网络服务的机器，狭义上指的是计算机。无数个服务器组成了服务端，它们夜以继日地接收、处理和响应来自客户端的请求。客户端指的就是我们用来上网的手机、个人计算机、平板电脑等电子设备。服务器的性能决定了服务端的服务质量，但服务器的能力也是有限的，一旦客户端的请求过量了，它就可能会“罢工”。

服务器有什么用？

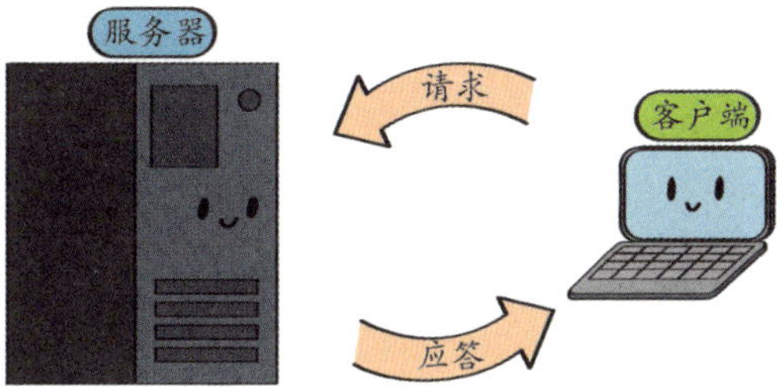

事实上，在你悠闲地上网“冲浪”时，服务器正忙得“晕头转向”。如今，我们每个人的手机里都装满了大大小小的应用程序，我们之所以能从应用商店里将它们下载到手机里，就是因为服务器通过网络将程序文件和数据传输到了你的手机上。而你在应用程序里刷新一下，就能获取的最新动态，也是服务器在接收到相应的请求后将内容传输过来的结果。所以，在互联网时代，我们足不出户就可以看遍世界的背后，服务器一直在默默地辛勤工作。

与服务器的距离会影响打开网页的速度吗？

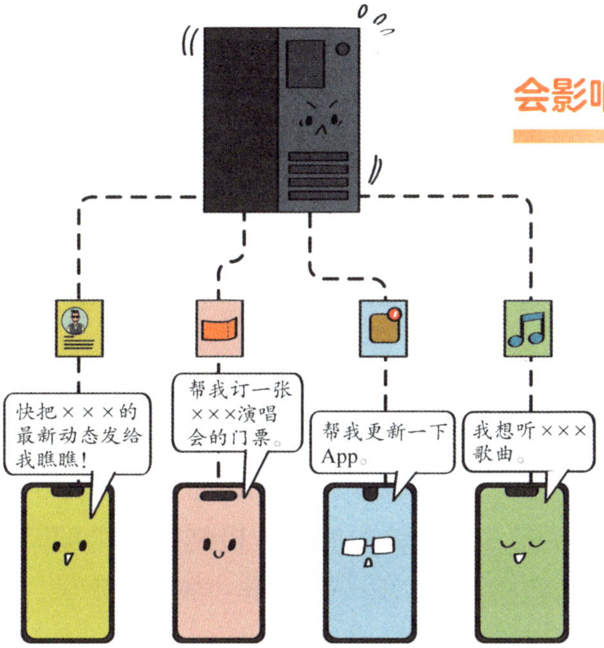

现在，我们已经知道服务器是提供了数据接收、传递和存储功能的设备或系统，而打开网页的速度，实际上是指连接速度。能影响连接速度的可不仅仅是服务器的响应速度，还有信号传输速度等因素。但从延迟的角度来说，理论上离服务器近可以降低延迟，最后的效果的确和连接速度提升了一样。正因如此，内容分发服务（content delivery network, CDN）技术被很多公司采用，这一技术提前将数据分发到用户身边的服务器，从而实现信息的就近“发货”，如此一来，用户接收到数据的时间就缩短了。但这样对服务器的需求也随之增大，于是云计算便派上了用场，服务器不再受地点限制，因此距离对连接速度的影响也越来越小了。

能说会跳的数字人是怎么练成的？

科技前沿

2024年6月12日下午，一个名为“小浦”的数字人正式成为浦东新区智能政务服务伙伴。市民只要打开手机上的“浦通办”小程序，进入智能服务，就可以享受数字人“小浦”的一对一服务。

数字人，指的是运用数字技术创制出来的虚拟形象，其外貌和行为与人类高度相似。从虚拟偶像“初音未来”“洛天依”的爆火，到各大企业纷纷推出“数字人员工”，数字人的概念已经走进我们的生活。

数字人是怎么被“捏”出来的？

数字人诞生之初，其形象塑造方式以平面手绘为主。直到21世纪初，计算机图形学（computer graphics，CG）才被应用其中。CG建模和扫描建模是两种较为常见的建模方式，运用三维制图软件的CG建模能更好地控制每一个细节，而扫描建模只需借助扫描仪，就能在短时间内“捏”出一个三维的数字人形象。

数字人技术的本质就是将人的特征数字化，再把它们赋予数字人。虚拟偶像也是数字人中的一大分支，最早可追溯到1982年诞生的明星角色林明美。

数字人是怎么“动”起来的？

传统的运动捕捉技术分“光学运动捕捉”和“惯性运动捕捉”两种。光学运动捕捉依靠的是贴满反光标识的黑色运动捕捉服，而惯性运动捕捉则利用感应芯片来捕捉人体运动时关节的运动轨迹。

建模是制作数字人的第一步，让数字人“动”起来才是关键。数字人的驱动方式主要有真人驱动和智能驱动两种。真人驱动依靠传感器设备捕捉真人的动态数据，再将其应用到数字人上，从而完成动作、做出表情。智能驱动则依靠大模型技术，无须耗时耗力地捕捉动作，只需让大模型依据真人视频进行动作、情感模拟等学习训练，就能生成逼真的数字人。

数字人为何能对答如流？

数字人的对话能力是其智能程度的体现。与依据关键词来回复的机器人客服不同，如今大语言模型的赋能下，数字人能与人类实时畅聊。

原因在于训练数据的增加。如果把之前的训练量比作一本语文课本，那如今的训练量堪比一套《中国大百科全书》。再者，大语言模型拥有记录时间序列的能力，使得对话具有连续性，而不是只能一问一答。

各种人工智能技术的出现，为数字人的发展提供了强大助力，相信未来数字人将成为人类优秀的“左膀右臂”。

如果把地球系统编成应用题，计算机会怎么解？

科技前沿

2024 年 11 月 8 日，我国首个具有自主知识产权的地球系统数值模拟大科学装置——“寰”，发布了新一代空气质量模式，并宣布开放其源代码，以助力“美丽中国”建设和全球环境治理。

想象一下，我们正在做一道涉及无数复杂变量的数学应用题，需要用到地球上所有的气候、环境和生态变化等信息。这就是地球系统数值模拟大科学装置“寰”正在做的“超级应用题”。

把地球搬进实验室

如今，全球正面临空气污染加剧、森林覆盖减少、冰川加速消融等环境危机，这些变化直接威胁着生态平衡与人类安全。我们迫切地需要建立对地球系统动态演变规律的认知，以及对环境变化的精准监测体系。

“寰”应运而生，它采用了我国自主研发的地球系统模式，能够模拟大气圈、水圈、冰冻圈、岩石圈、生物圈的物理、化学、生物过程及其相互作用。人类的生

● 圈层相互作用与地球系统过程

耦合器就像一个庞大工厂的组装车间，把大气环流、海洋环流、陆面过程等模式的数据结合起来，在最大程度上模拟出自然界的演变过程。

产和生活也会对地球的各个圈层产生一系列的影响。

由于自然界中万物的复杂联系，我们很难用一个计算机程序就完整模拟整个地球的运行规律。为了简化求解过程，科学家们先分步骤构建起描述单个圈层的模式，再通过耦合器让这些独立模型实现数据互通、协同工作，最终构建出一个“数字化地球”。

如此一来，只要把某个时刻的观测数据输入进去，通过“寰”进行大量的数值计算，就能推演出地球各个圈层的变化情况。

把计算数据转换成可视图像

“寰”的核心设备“硅立方”超级计算机“思考”1 秒所调用的计算量，需要全球人口同时用计算器算上 4 年左右。而它的存储容量相当于 13 个国家图书馆馆藏图书数据的总和。

“寰”在收集大量的观测数据后，会用高性能计算机系统进行模拟计算，并使用大容量的存储系统来保存模拟结果。然后，通过耦合集成软件平台，将计算结果转换成直观图像，这些图像包括全球气候变化、温室气体浓度、植被覆盖度等，帮助我们更好地理解和预测地球系统的变化。

“寰”能够有效帮助我们了解极端天气事件的成因，提供未来可持续发展的思路，显著提升我国地球科学的整体创新能力。

爷爷奶奶最想要的“时尚单品”

科技前沿

2024 年 1 月，国务院办公厅印发《关于发展银发经济增进老年人福祉的意见》，特别提出要推广新一代信息技术以及移动终端、可穿戴设备、服务机器人等智能设备在养老场景的集成利用。

《2023 年度国家老龄事业发展公报》显示，2023 年末，我国 60 周岁及以上老年人口为 29697 万人，占总人口的 21.1%，我国已进入深度老龄化阶段。庞大的老年人群体蕴藏着巨大的市场需求，催生大量符合老年人实际需求的智能化产品。

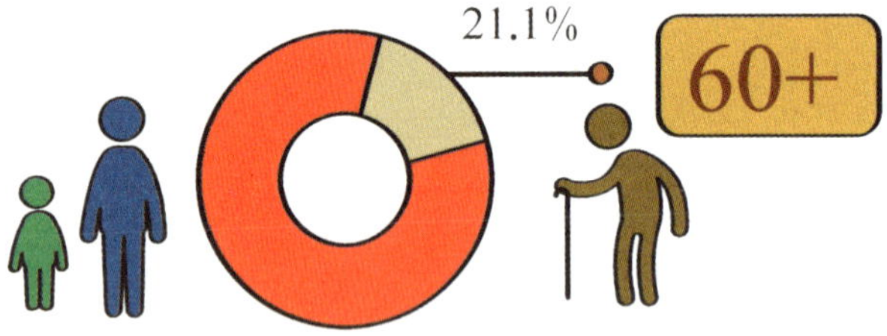

《关于发展银发经济增进老年人福祉的意见》是我国出台的首个支持银发经济发展的专门文件。

更适合爷爷奶奶的智能手表

对于年轻人来说，智能可穿戴设备早已不是什么新鲜事物，小朋友有自己的智能电话手表，那更适合爷爷奶奶的智能手表又该是什么样子的呢？

目前，多数主流品牌的智能手表都配有监测心率、血氧饱和度、睡眠等功能，已经能够基本满足老年人身体健康监测的需要。一些小众品牌则针对老年用户开发了更贴心的功能，例如：自动接通功能，可以帮助不能熟练使用智能设备的老人拨打子女电话；一键紧急呼救和跌倒自动求救功能，能够及时通过智能手表绑定的应用程序向医院或家属发送急救信息，保障老人的安全。

“会说话”的药盒

身体机能的衰退让老年人或多或少地受到一些慢性疾病的困扰，服药也成了不少老年人的日常。然而，由于记忆力减退，漏服或误服药物的情况也时有发生。

智能药盒是专为帮助老年人更好地管理药物而设计的产品。智能药盒可以存储不同种类的药物，并通过应用程序提供药物的名称、用法和用量等信息。到预设的服药时间时，药盒会用灯光或提示音进行提醒，确保老年人不会错过服药时间。它还能与手机或云端平台连接，自动记录每次开盒和取药的时间，生成详细的用药记录，方便家属和医生了解老年人的用药情况，提高医疗效率。

这些炫酷的智能产品是基于物联网（internet of things, IoT）技术设计的。除了可穿戴设备和智能药盒，还有智能家居系统，例如智能灯光、智能温控等，可以便捷地实现语音控制或远程控制，提高老年人生活的便利性。

物联网是指万物相连的互联网。它把人或各种物品通过信息传感设备与互联网连接起来，进行信息交换和通信，实现智能化识别、定位、跟踪、监控和管理，或者提供相应服务。

AR、VR、MR、XR……这些设备怎么选才能避免头晕？

科技前沿

2024 年 5 月，北京交通大学的研究团队深入研究了与 AR 设备相关的晕动病，发现文本呈现形式与晕动病关系密切。

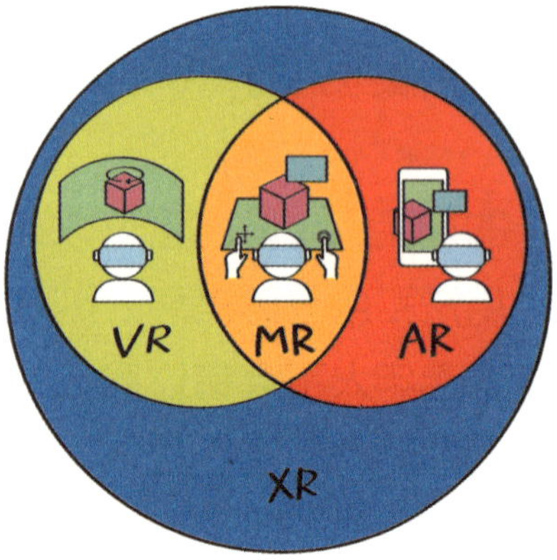

AR（增强现实）、VR（虚拟现实）、MR（混合现实）、XR（扩展现实）……这些名字中带“R”的设备（以下简称“R 类设备”）已经问世多年，但它们并没有像智能手机一样普及，其中一个重要原因是晕动病。那么，在购买这些设备时应该关注哪些参数才能避免晕动病呢？

选择更高的 PPI，减少“纱窗效应”

纱窗效应是指在使用显示设备时，因 PPI 低导致屏幕的像素颗粒显现，画面看起来像隔着纱窗一样不连续的现象。

我们观看电子设备屏幕的距离是相对固定的，在这个前提下像素密度单位（pixels per inch，PPI），即每英寸屏幕拥有的像素数量决定了画面的清晰程度，它是影响视觉舒适度的重要因素。屏幕 PPI 越低，像素的间距越大，设备越容易出现

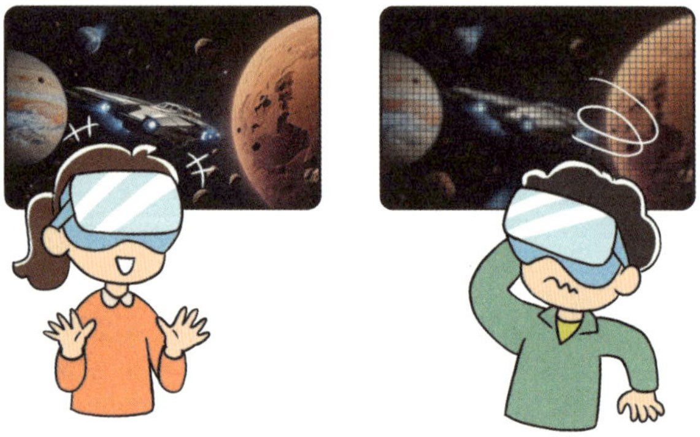

“纱窗效应”，导致画面模糊失真，引发视疲劳和晕动病。R 类设备左右眼各有一块屏幕，理论上单个屏幕的 PPI 高于 2000 才能大幅降低纱窗效应。

选择更大的视场角，让视觉感受更自然

人的双眼水平视野范围约为 188 度，但目前主流的 R 类设备的视野范围在 100 度左右，这一参数被称为视场角。两者的巨大差距导致用户使用时，像是戴着潜水镜观察世界，视野狭窄且有遮挡，在转动头部时容易产生眩晕感。但是，R 类设备的视场角越大，画面越难对准瞳孔，轻微的偏移就会导致画面模糊。因此，为了确保清晰度，R 类设备的视场角不会太大。我们可以通过试戴，选择具有合适视场角的产品。

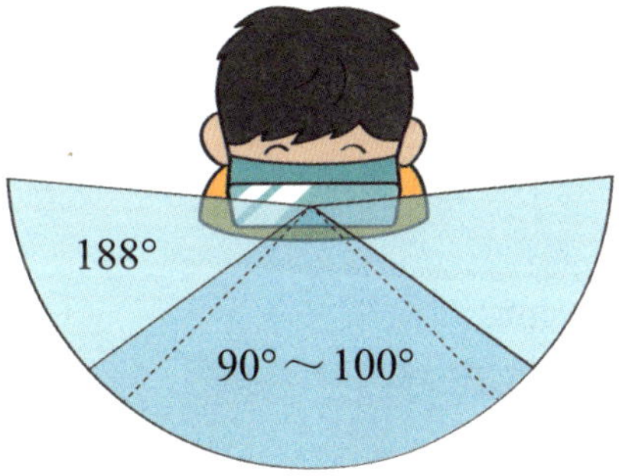

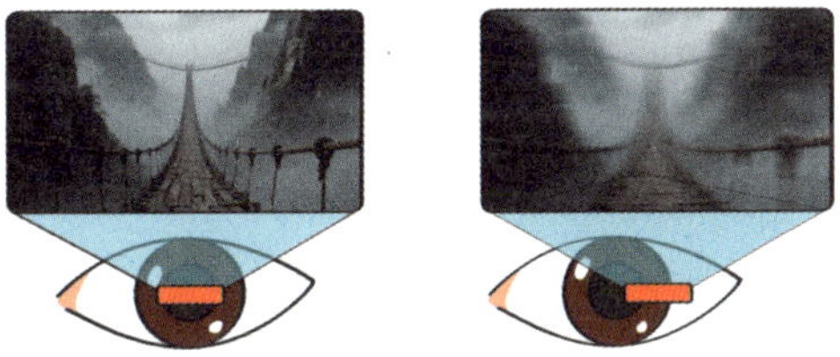

选择更低的 MTP 延迟，让体感更真实

运动到光子延迟（motion-to-photon latency，MTP）是指用户在现实世界做出动作，到这个动作在 R 类设备屏幕上产生虚拟画面的时间差。MTP 延迟越低，用户的操作体验就越流畅，眩晕感发生的概率就越小。目前通常认为 MTP 延迟低于 0.02 秒，即 20 毫秒，就能减小晕动病的发生概率。

R 类设备是否会引发头晕实际上还与个人的敏感程度等有关。所以，我们应该选择合适的设备，根据自身情况调整使用方式并逐步适应，以体验更多的乐趣！

当身体的运动状态与眼睛看到的画面不一致时，就会产生眩晕感。

把开关造得足够小就是计算机芯片吗？

扫一扫，看视频

科技前沿

2024 年 8 月，中国科学院上海微系统与信息技术研究所的研发团队以单晶氧化铝为栅极介质材料，成功制备出低功耗的晶体管阵列，各项指标均满足国际器件与系统路线图对未来低功耗芯片的要求。

你有没有注意到，我们的电子设备有时运行得特别流畅，有时会有点儿反应迟钝？这种差异很大程度上是源于它们的核心部件——芯片。我们一起来看看芯片到底是怎样工作的！

芯片

其实是无数个“开关”？

我们可以将芯片的工作原理简单地理解为一组电子开关，有“开”和“关”两种状态。这两种状态可以被抽象为数字 0 和 1，这也是计算机使用“二进制”系统的原因之一。芯片中控制开关状态的核心元件就是场效应晶体管（以下简称“晶体管”），每个晶体管由源极、漏极和栅极组成。场效应晶体管的通断状态由栅极电压控制。

不管是打字、拍照还是玩游戏，都要由许多晶体管控制电流的“通”与“断”来实现芯片的运算。曾经，纳米制程代表芯片制造工艺中栅极的实际长度。而今，我们耳熟能详的 5 纳米芯片、7 纳米芯片已是一种营销术语，仅代表它的特征尺寸。不管是实际尺寸还是特征尺寸，数值越小，

> 场效应晶体管中的“场效应”指的是栅极电压产生的电场对带电粒子的行为产生影响的物理现象。

意味着单个晶体管的尺寸越小，也就是说可以在同样面积的芯片里塞进更多的晶体管。芯片上晶体管的密度越大，芯片的算力就越强。

华人将“开关”越造越小

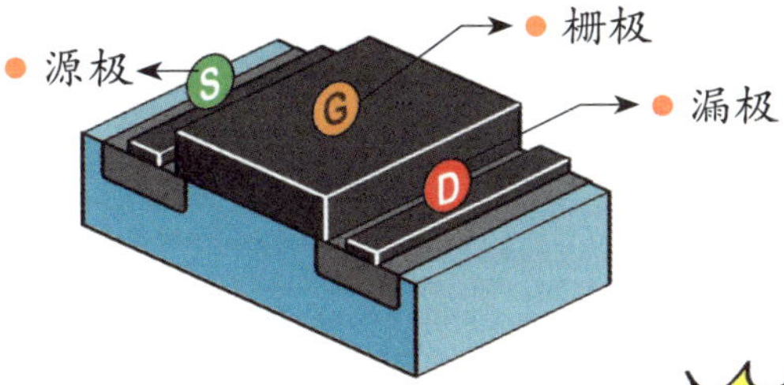

当晶体管特征尺寸小至 28 纳米时，栅极的控制能力减弱，电子可以直接穿过源极和漏极间的沟道，因此电流难以被完全关断，导致晶体管的性能下降和能耗上升。原本科学家们以为这就是芯片算力的极限了，直到 1999 年，华人教授胡正明发明了“鳍式构造”的晶体管，源极和漏极就像鱼鳍一样插在栅极里，加强了对电子的束缚力。但是，这个结构在晶体管特征尺寸达到 3 纳米时也失效了。

2022 年，清华大学集成电路学院的研究团队首次研发出亚 1 纳米栅极长度的晶体管。团队巧妙地利用石墨烯薄膜作为栅极，实现等效的物理栅长为 0.34 纳米，为芯片的器件结构和工艺流程改进提供了重要参考。

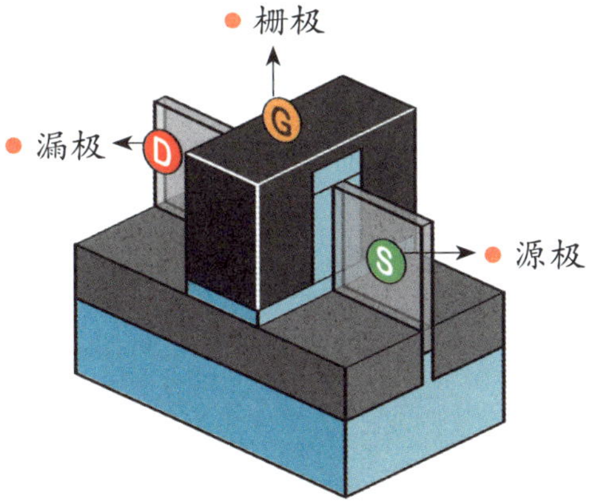

“鳍式构造”晶体管

CPU 已经没有 GPU 重要了吗？

科技前沿

近年来，GPU 算力已成为推动大模型和高性能计算进步的关键力量，为处理海量数据、进行复杂计算以及训练大模型提供了强大的支持。随着 AI 技术的不断发展和应用需求的增长，GPU 已成为数字世界的“石油”。

曾几何时，中央处理器（central processing unit, CPU）一直是被高度关注的产品，几乎家喻户晓，被誉为计算机的“大脑”。时过境迁，图形处理器（graphics processing unit, GPU）热度攀升，在人工智能大背景的衬托下备受瞩目。如今，各大公司推出的 GPU 产品频频成为焦点，受到市场欢迎。

CPU——计算机世界的源动力

最初的 CPU 诞生于 20 世纪 70 年代，早期的 CPU 性能有限，只能执行简单任务。随着技术的进步，CPU 逐步采用更复杂的指令集，指令执行速度显著提升，为计算机的普及奠定了基础。可以说，CPU 作为计算机世界的源动力，它的发展历程就代表着计算机技术的飞速进步。

1974 年，8080 处理器采用了复杂的指令集，有 6000 个晶体管，每秒能执行 29 万条指令。搭载该处理器的计算机一度脱销。

GPU——计算机世界的新动能

20 世纪 80 年代初，个人计算机逐渐普及，多媒体娱乐功能的重要性逐渐上升。不管是影片播放、游戏体验，甚至是计算机系统界面本身，人们对画面“颜值”的要求都越来越高，这就需要进行大量却又简单的并行运算。然而，CPU 是为处理复杂的逻辑运算而设计的，因此，专为处理高度并行的图形任务而生的 GPU 问世，成为 CPU 的重要补充。

近年来，随着人工智能和区块链货币的兴起，GPU 被应用到更广泛的领域，成为推动计算技术进步的重要力量。

两大“明星”走出了不同的事业线

CPU 就好像一位数学教授，各种难题都能轻松驾驭；但计算 1000 道 5 位数的乘除法时，他的计算速度会输给同时进行计算的 1000 名初中生，GPU 就像这 1000 名初中生。

CPU 和 GPU 都曾有自己的高光时刻，因为它们本就是为满足不同的运算要求而专门设计的。CPU 拥有少而精的大运算核心，擅长执行复杂的高难度运算任务；而 GPU 则配备了数量众多的小运算核心，更擅长执行简单、大量的并行运算任务。从它们不同的设计架构中就可以看出两者算力组成的区别。

CPU 和 GPU 实际上并不存在真正意义上的竞争关系，而是有着不同的工作路线。因此，CPU 不会被 GPU 取代。如果有一天它真的销声匿迹了，那也很可能是和 GPU “强强联手”组成了新的“算力体”，在功能整合后一起走向新的技术舞台。

脑机接口

能帮助我们用意念控制世界吗？

科技前沿

2025 年 1 月，上海某科技公司和复旦大学附属华山医院神经外科密切合作，在脑机接口方面取得了突破性进展，成功实现了“脑控”智能设备和“意念对话”。受试者无须动手操作，术后两天内便可实现“脑控”玩乒乓球和贪吃蛇游戏。

将鼠标和键盘通过 USB 接口插在计算机主机上，我们就可以控制计算机、办公或者玩游戏了。未来，脑机接口会变得像 USB 接口一样便捷吗？

安装脑机接口一定要打开我的脑壳吗？

根据侵入大脑的程度，我们通常将脑机接口分为三类：非侵入式、部分侵入式和侵入式。

使用非侵入式脑机接口时，人们只需穿戴外置的设备，设备采集大脑产生的神经信号，进行记录、解读，甚至能反向影响大脑的活动。这类脑机接口避免了对头部的直接损伤，但可能存在监测精度低、传输延迟高等问题。

侵入式脑机接口需要将装置植入大脑灰质，由于干扰较少，这样获得的大脑神经信号质量较高，但异物植入大脑皮层容易引起人体的免疫反应，还会产生愈伤组织（如瘢痕），进而导致信号

的质量减退，甚至消失。

部分侵入式脑机接口一般需要将装置植入颅腔内大脑灰质外的位置，引发免疫反应及产生愈伤组织的概率较小，获得的大脑神经信号质量介于上述两者之间。

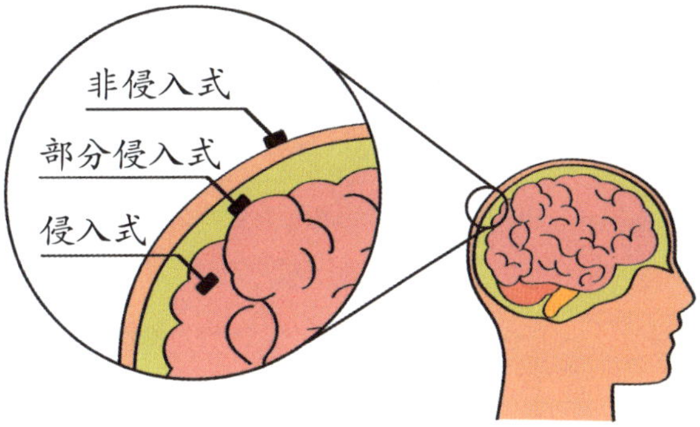

脑机接口 将实现哪些“科幻”的功能？

脑机接口可以实现大脑与设备的直接信息交换，甚至协助大脑将控制信号传输到身体其他部位，帮助失能人士控制体外机械或自己的身体。例如四肢损伤的失能者可以遥控机械臂、机械腿来重新获得正常人的生活。这项技术有望解决癫痫、渐冻症、神经系统损伤等多项医学难题。

脑机接口还可以通过分析大脑活动的详细信息，实现意念合成语音。例如帮助语言功能障碍患者重建语言功能。

不过，使用脑机接口也可能带来个人隐私泄露等风险。我们的任何所思所想都有可能直接暴露在脑机接口系统或服务提供者的面前。这也对隐私保护提出了新的挑战。

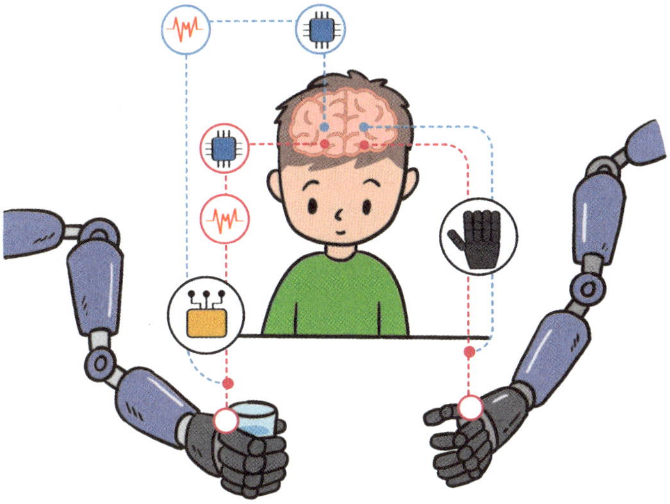

瑞士科研团队研发了一种特殊的脑机接口，可以通过外科手术将其植入两侧大脑的运动皮层顶部，帮助瘫痪患者重新站立和行走。

自从有了它，在太平洋中央也有手机信号了！

科技前沿

2024 年 8 月 6 日，“千帆星座”首批组网卫星——千帆极轨 01 组 18 颗卫星成功进入预定轨道，标志着我国向全球卫星互联网领域迈出了重要一步。“千帆星座”又称“G60 星链”，由上海市松江区牵头打造，采用平板式高通量宽带通信卫星，可以提供大带宽、低时延、高质量、高安全性、全球覆盖的卫星互联网服务。

当手机没信号的时候，你会不会感到焦虑不安？还好这种情况在人口密集的地区通常不会持续很久，调整一下手机的位置，或者等待片刻，信号一般都能恢复。

手机信号从哪里来？

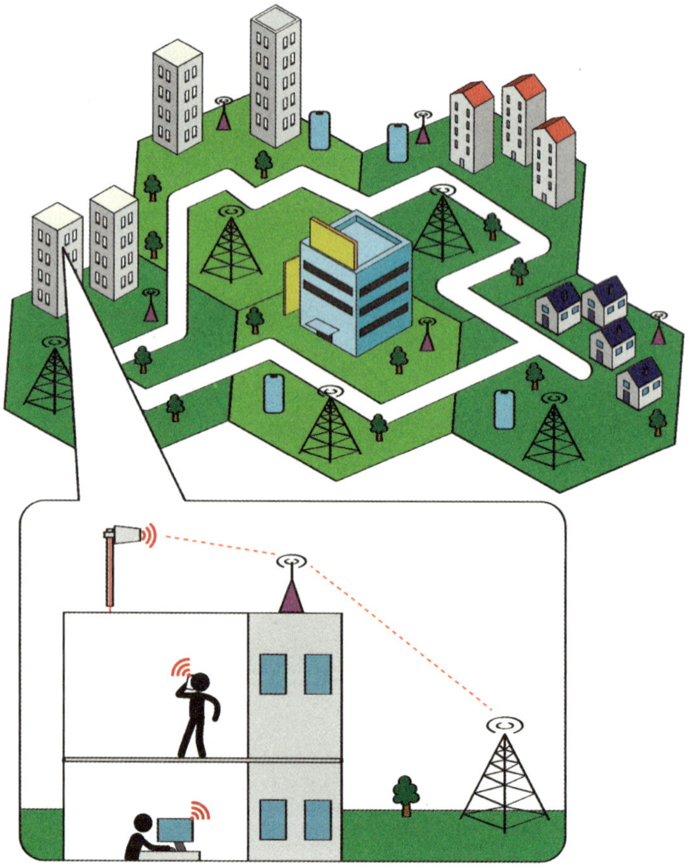

手机信号主要来自地面的大基站和在房顶的小基站。由于建设和维护基站需要较高的成本，电信运营商通常会优先考虑人口密集的地区。而人类活动较少的山区、沙漠等未开发地区，基站的建设就会受限，导致信号较弱甚至完全没有信号。

在海洋、高空等特殊区域更加难以布设基站，所以当旅客乘坐飞机在高空中飞行，或乘坐游轮在大海上航行时，手机往往会完全失去信号。

飞机可以通过地空通信技术接入互联网。该技术沿飞机航线设置特殊基站，在地面与飞机机舱间建立地空通信链路，乘客在机舱内就可以访问互联网了。

基站有限，卫星“无限”

为了确保手机在各种环境下都能接收信号，手机制造商在旗舰机型上引入“卫星通信”技术。这项技术使得手机即便在没有地面基站覆盖的地区，也能直接与太空中的卫星建立连接，进行信号传输。然而，实现手机与卫星的直接通信并非易事，这一类通信通常依赖近地轨道卫星。近地轨道卫星距地面 200～1200 千米，这是一个很近的距离——坐高铁从上海到北京的距离约为 1300 千米，因此近地轨道卫星能提供较低的延迟和较高的信号强度。

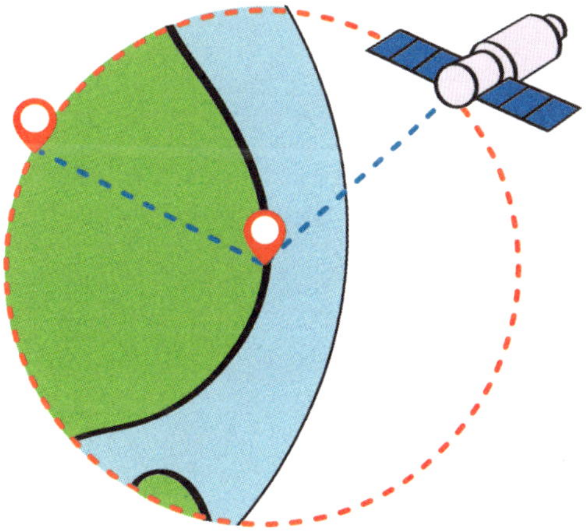

单个卫星的信号范围有限，可以“星间组网”解决，以实现全球全域信号覆盖，尤其是对偏远地区及海洋等的网络补充。“星间组网”需要大量卫星才能完成，成本很高，但是现在已经可以实现了。根据规划，G60 星链计划远期打造拥有超过 1 万颗卫星的卫星互联网。

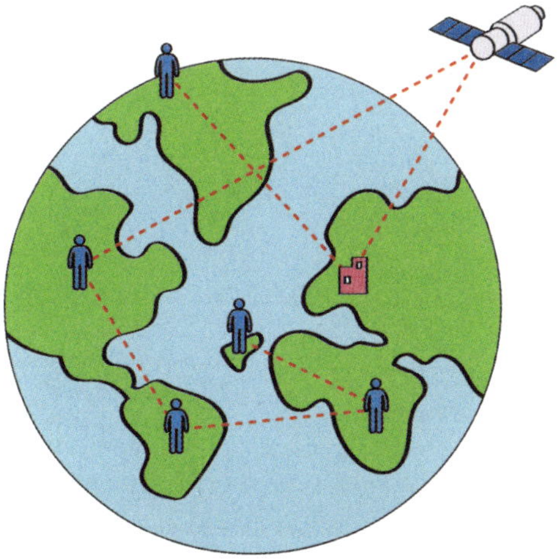

卫星互联网，是指通过发射一定数量的卫星，形成规模组网辐射全球，向地面和空中终端提供宽带互联网接入等通信服务。

目前，实现卫星通信的成本仍然较高，所以只有少量旗舰机型的手机才配备卫星通信功能。不过，相信随着成本继续下降，未来卫星通信将更多地走入人们生活。